ABHANDLUNGEN DER DEUTSCHEN AKADEMIE
DER WISSENSCHAFTEN ZU BERLIN

Klasse für Chemie, Geologie und Biologie
Jahrgang 1958 Nr. 4

PAUL RAMDOHR

WEITERE UNTERSUCHUNGEN ÜBER RADIOAKTIVE HÖFE UND ANDERE RADIOAKTIVE EINWIRKUNGEN AUF NATÜRLICHE MINERALIEN

AKADEMIE-VERLAG · BERLIN
1958

Vorgelegt von Hrn. Ramdohr in der Gesamtsitzung vom 6. März 1958
Zum Druck genehmigt am gleichen Tage, ausgegeben am 10. November 1958

Erschienen im Akademie-Verlag GmbH, Berlin W 8, Mohrenstraße 39

Lizenz-Nr. 202 · 100/730/58
Satz, Druck und Einband: Druckhaus „Maxim Gorki", Altenburg
Bestell- und Verlagsnummer: 2001/58/II/4
Preis: DM 3,70
Printed in Germany
ES 18 F 3

EINLEITUNG

Vor kurzer Zeit konnte der Verfasser über eine Anzahl neuer Beobachtungen aus dem Bereich ,,radioaktive Einwirkungen an Mineralien" berichten [3b]. Die Beschäftigung mit den uralten Konglomeraten, die neben Uranmineralien auch eine Anzahl von Sulfidmineralien in reicher Menge enthalten [3a, 3c], zeigte, daß in den sehr häufigen Fällen, wo die Uranmineralien direkt angrenzen, oft auch diese starke radioaktive Höfe und andere Veränderungen zeigen. Ihre Beschreibung soll den Hauptteil dieser Arbeit bilden. — Daß diese Befunde nicht schon früher gemacht wurden, ist eigentlich recht merkwürdig, wird aber dadurch verständlicher, daß gleichzeitig gegeben sein müssen: Das paragenetisch ungewöhnliche und zum Teil unwahrscheinliche Nebeneinander der betreffenden Mineralien, sehr hohes geologisches Alter, d. h. besonders lange Einwirkungszeit, und schließlich eine recht große Sorgfalt der Beobachtung, die sich zudem nicht durch vorgefaßte Meinungen, auch wenn diese die schulmäßige Auffassung darstellen, verblüffen läßt. Durch seine Beobachtungen angeregt, war der Verfasser in der Lage, auch in anderen Paragenesen nach solchen Dingen zu suchen, z. T. mit recht gutem Erfolg.

Außer den eben erwähnten, wohl prinzipiell neuen Beobachtungen soll auch, und zwar zuerst, gewissermaßen als Ergänzung zu meinen Ausführungen zu [3b], noch über weitere Einzelheiten und weitere Fälle von gewissermaßen ,,klassischen" Höfen gesprochen werden.

Verfasser ist nicht Physiker genug, um in allen Fällen die Deutungsmöglichkeiten, wie auch die denkbaren Folgerungen seiner Beobachtungen geben zu können. Zu sorgfältigen Messungen fehlte einfach die Zeit. Er hofft hier auf zukünftige Hilfe der mit der Materie vertrauteren Kollegen. Ihm selbst schien die klare Beschreibung und Abbildung des Beobachteten, die Angabe der geologischen Gegebenheiten und die kurze Darstellung der sich nach seiner Ansicht ergebenden Fragen Aufgabe genug.

Die radioaktiven Einwirkungen der α-Strahler der Thorium- und Uranreihe in Gesteinen und Mineralien lassen sich einteilen in:

1. Radioaktive Höfe.
2. Radioaktiv bedingte Isotropisierungen.
3. Radioaktiv bedingte Sprengungen.
4. Radioaktiv verursachte chemische Veränderungen.

Alle sind nahe verwandt und eigentlich nicht scharf zu trennen. Die Ursache, nämlich die Wirkung von Strahlung auf ein Kristallgitter, ist kompliziert, da man zwar die Erscheinungen recht gut beobachten kann und demnach kennt, aber über den Mechanismus noch z. T. erheblich verschiedener Meinung ist. Es ist durchaus möglich, daß nicht alle Annahmen darüber richtig sind, zum mindesten teilweise modifiziert werden müssen.

Radioaktive Höfe sind bis vor kurzem bekannt gewesen in folgenden, etwa nach der Reihenfolge der Erkennung ihrer Eigenschaft als Hofträger geordneten Mineralien: Biotit, Amphibol, Chlorit, Cordierit, Turmalin, Granat, Fluorit, Spinell, Aenigmatit, Quarz, Yttrofluorit, Zinnstein, Albit, Korund, Baryt, Siderit, Kohle, Triplit, Triphylin, Astrophyllit, Andalusit,

Staurolith, Titanit, Hedenbergit, Chloritoid, Orthit, Apatit, Stillwellit, Calcit, Cerit, Mikroklin. Diese Liste ist sicher nicht vollständig, gibt aber einen gewissen Anhalt. Man erkennt, daß es sich um Fluoride, Oxyde, Borate, Carbonate, Sulfate und Phosphate, in mehr der Hälfte aller Fälle um Silikate handelt. Alles sind Verbindungen, die Ionenbindung mindestens zu einem wesentlichen Anteil besitzen. Eine Ausnahme macht dabei allein die von STACH [5] als Hofträger beschriebene Kohle[1]). Als entscheidend wurde bisher angesehen, daß durch die Energie der α-Strahlung Gitterteile entionisiert, in selbständige Atome zerschlagen wurden. Damit stimmt vorzüglich, daß von Uranmineralien durchsetzter Fluorit stark mit der Farbe kolloidalen Calciums gefärbt wird und beim Zerschlagen sehr stark den penetranten Geruch des freien Fluors zeigt. — Als ich also etwa vor zwei Jahren Höfe um Davidit [3b] in Ilmenit fand, glaubte ich darin einen Hinweis auf die weitgehende Ionenbindung in diesem Mineral ziehen zu können, was bei einem so weitgehend opaken Mineral etwas überraschte.

Dieser Schluß war falsch, wie sich erwies, als ich im Auflicht nach solchen in Tantalit, Hämatit, Graphit Höfe auch in Arsenkies, Magnetkies, Löllingit, Safflorit, Pyrit feststellen konnte, Mineralien also, deren weitgehend metallartige Bindung jede „Entionisierung" ausschließt. Sicher wird sich auch die Reihe dieser Opakerze mit Höfen verlängern lassen; die Auswahl ist bisher nur durch Zufälligkeiten bedingt.

Offenbar ist die *Empfindlichkeit* auch der Opakmineralien gegen α-Strahlung sehr verschieden. Bei durchsichtigen Mineralien ist ja längst bekannt, daß sich z. B. Chlorit sehr schnell und von schwacher Strahlung anfärben läßt, während z. B. Turmalin, erst recht Baryt recht starker Strahler, meist ausgesprochener Uranmineralien bedürfen.

Cerit wird von der Strahlung völlig isotropisierter Zirkone nicht verfärbt, auch von sehr kleinen Uranpecherzkörnchen nicht oder kaum, während größere Körner ausgezeichnete Höfe erzeugen (Abb. 1). Bei den Opakmineralien wird Kohle von der schwachen Strahlung der Zirkone verändert, während Ilmenit von Daviditen mit 2—5% U noch nicht erkennbar beeinflußt wird, während ein solcher mit $\gtrsim 20\%$ U Ilmenit unter sonst ganz gleichen Bedingungen (geol. Alter und Paragenese) stark anfärbt. Die sonst untersuchten Opakerze verlangen sämtlich starke Strahler und lange Einwirkungszeiten, doch kann das durchaus ein Zufallsbefund sein.

Die *Art der Gitterstörungen* ist ebenfalls fallweise verschieden, worüber bereits z. B. MÜGGE [2b] und GOEBEL [1a, b] einige Angaben bei *Fluorit* machten. Der ganze Fluorit wird durch γ- und β-Strahlung weithin diffus verfärbt, die α-Strahlen dagegen erfassen dabei bei ihrer geringen Reichweite nur einen kleinen kugeligen Bereich maximal mit dem Radius der Reichweite des kurzlebigsten Zerfallselements. In diesem Bereich können sie die diffuse Verfärbung ganz oder teilweise aufheben, sie praktisch unverändert lassen, abändern oder verstärken. Besonders oft ist der Ring zwischen Ra A und Ra C', den kurzlebigsten Zerfallsprodukten entfärbt, doch ist das in unmittelbarster Nachbarschaft ganz verschieden (Abb. 2). Die Träger der Färbung sind hier mit starker Vergrößerung bequem sichtbare Körnchen oder Knöllchen, die man sich gewissermaßen als kolloidale Zusammenballung von Ca-Atomen (die selbst natürlich weit unter der Grenze der Sichtbarkeit liegen) vorstellen kann. Wo die Entfärbung eintritt, sind auch diese Knöllchen verschwunden (Abb. 2).

Das bisher Gesagte trifft aber nicht immer zu. Neben größeren Körnern von Uranpecherz ist dort, wo der Hof zu erwarten wäre, oft eine bröckelige braune Substanz entwickelt, die offenbar *kein* Fluorit im gewöhnlichen Sinne mehr ist. Die Toleranz, in der das Gitter noch „intakt" bleibt und die Störungen durch die entionisierten Gitterteile erträgt, ist offenbar sehr gering (GOEBEL errechnete roh $^1/_2\%$).

---

[1]) Inzwischen konnte HOEHNE zeigen, daß in Saarkohle Höfe um Zirkon recht häufig sind.

Die Feldspate zeigen normalerweise keine Höfe. Sehr starke Strahler zerstören bis zur Grenze ihrer Reichweite das Gitter. Dieser Saum ist im Anschliff wie Dünnschliff leicht erkennbar (Abb. 3). Er besteht oft aus einer lockeren Matrix mit sericitartigen Eigenschaften. Ob intermediär eine glasartige Isotropisierung eintritt, ist nicht festgestellt, aber wahrscheinlich. Unter analogen Verhältnissen, d. h. um sehr energische Strahler, sind in Höfen von Spinell, Granat, Diopsid Massen von chloritähnlichem Aussehen zu beobachten. Es scheinen also immer Mineralien zu sein, die den Ausgangsmineralien chemisch nahe verwandt sind, etwa die, die sich bei einer Metamorphose der Epizone gebildet hätten. Schwächere (immer noch starke) Strahler bringen in den letztgenannten Fällen normale Höfe vorher.

Solche zerstörten Gitterteile können naturgemäß leicht chemischen Einwirkungen unterliegen und so z. T. überraschenden Verdrängungen den Weg bahnen. So erkennt man z. B. die im Pegmatit von Hagendorf dem Columbit aufsitzenden, wegen ihrer Columbit-ähnlichen Eigenschaften aber leicht zu übersehenden Uranpecherzkristalle sofort, da der im angrenzenden Feldspat gebildete Hof sehr häufig Anlaß zur Ausfällung von Pyrit gibt (Abb. 4). Das trifft auch auf die Höfe um Monazit in den verkitteten Ilmenitseifen von Bothaville im Oranje-Freistaat zu (Abb. 5, 6). Im letzteren Fall ist das Hofmineral (Siderit) weggelöst, der Pyrit im Hof aber zu Rubinglimmer geworden.

Eisenglanz wird offenbar nur sehr schwer verfärbt. So sind z. B. in dem durch Davidit verfärbten Ilmenit (Lit. 3b, Abb. 6, 7) die entmischten Hämatitlamellen nicht erkennbar beeinflußt. Dagegen zeigt der allseitig von traubigem Uranpecherz eingeschlossene Eisenglanz eines kleinen Ganges im westlichen Ontario randliche Verfärbung sehr deutlich (Abb. 7).

Magnetit. Ein Magnetiterz vom schwedischen „Skarntyp" von Tybble, Östergötland zeigt stellenweise eine hohe, auf zahlreichen Einschlüssen von Uranpecherzkristallen beruhende Aktivität. Sind die Uranpecherzkörner ringsum vom kompaktem Magnetit umgeben, so läßt dieser kaum eine Veränderung erkennen. Erst starke Vergrößerung und gute Aufmerksamkeit zeigt eine sehr zarte Verfärbung, feinste Porigkeit und ein Netz kaum mehr sichtbarer Sprünge — alles etwa bis zur Tiefe der zu erwartenden Reichweite. In den häufigeren Fällen aber, wo andere Mineralien gleichzeitig angrenzen, ist die eben erwähnte Zone weggelöst, ein richtiger, teils scharfer, teils durch nicht vollständige Weglösung etwas „gezahnter" Hof entstanden. Sehr eindrucksvoll sind Bilder, wo der Hof mit großer Reichweite im Silikat mit sprunghaft kleinerer Reichweite sich im Magnetit fortsetzt.

Der Columbit von Hagendorf, sicher aber auch viele andere Columbite, führt oft Uranpecherz: [1] *aufgewachsen*, das wurde eben schon erwähnt, [2] *eingewachsen*, z. T. sicher in alten überkrusteten Aufwachsungen und schließlich [3] in den innersten, sicher ältesten Teilen in myrmekitartiger Form als sichere *Entmischung*. Alle Typen bringen gute Höfe im Columbit hervor, die aber wegen der sehr geringen Helligkeitsunterschiede leicht übersehen werden können. Man beachte die Daten: Nicols gekreuzt, 1 Stunde Belichtung mit Xenon-Höchstdrucklampe, hochempfindliche Platte, ohne Filter oder Mattscheibe! (Abb. 8, 9, 10.) Vielleicht ist übrigens auch ein Teil der kleinen eingeschlossenen Oktaeder Entmischung.

Neuerdings lagen mir, wie schon eingangs gesagt, viele Proben uralter Gesteine vor, die neben sehr reichlichen Uranpecherzgeröllen auch gerollte Körner von *Arsenkies* führen. Überall, wo beide Mineralien in unmittelbare Berührung kommen und ebenso, wo später gebildeter Brannerit an Arsenkies angrenzt, zeigt dieser bei + Nicols und intensiver Beleuchtung sichtbare sehr deutliche Höfe (Abb. 11a, b, 23a, b). Die Verfärbung folgt dem Rand in einem der Hofbreite entsprechenden Saum und dringt an den größeren Sprüngen als Emanations- (Radon-) Hof ins Innere. Sie sind wieder photographisch sehr schwer zu erfassen.

Genau dieselbe Erscheinung liefern Löllingit (Abb. 12a, b) von Hüttenberg, wo er Kristalle von Uranpecherz einschließt, und Safflorit, der in Schneeberg nicht selten von Uranpecherz, kristallinem wie traubigem, begleitet ist. In beiden Fällen klingt, was mit dem geologischen Alter vorzüglich paßt, die Verfärbung nach außen diffus schneller ab, als das in dem davor behandelten Beispiel der Fall ist.

Magnetkies hat am Witwatersrand um Uranpecherz oft eine wechselnd deutlich erkennbare Verfärbung, die aber der Zersetzung offenkundig den Weg bahnt.

Pyrit auf Höfe zu untersuchen scheint auf den ersten Blick wenig aussichtsreich, da er ja isotrop ist. Trotzdem waren mir schon vor fast 30 Jahren Pyrite aufgefallen, die neben Uranpecherz eigentümliche hofartige Verfärbungen zeigten. Da ich damals noch an Entionisierung als notwendige Bedingung der Hofbildung glaubte, wurde die Erscheinung nicht weiter verfolgt. — *Tatsächlich* zeigt Pyrit aber Höfe, wenn man auf sehr schwache Verfärbungen achtet, oft recht deutlich. Auch Sprünge, an denen Radonhöfe entwickelt sind, können beobachtet werden. Am gewöhnlichsten sind aber vom angrenzenden Uranpecherz ausgehende radiale und konzentrische Sprünge. Zudem sind diese radioaktiv aufgelockerten Teile oft teilweise durch Magnetkies, ja Gold verdrängt (Weiteres s. unten!).

Kohlige Substanz zeigt ein sehr merkwürdiges Verhalten, das von Fall zu Fall aus nicht verständlichem Anlaß verschieden ist. Ganz gewöhnlich sind die an Uranpecherz angrenzenden Partien anisotrop, oder, falls die gesamte Masse schon etwas anisotrop geworden ist (was bei stärkerer Inkohlung oft zutrifft), stärker als diese. Die Verfärbung ist aber meist wolkigfleckig und nicht scharf in Beziehung mit der Entfernung vom Strahler. Andererseits läßt aber der Augenschein keinen Zweifel, daß der Vorgang radioaktiv bedingt ist (Abb. 13, 14). In manchen Fällen, aber wohlverstanden eigentlich recht selten, entstehen unmittelbar um Uranpecherzeinschlüsse scharfe Höfe, in denen die stark anisotrope kohlige Substanz plötzlich *völlig isotrop* und *gleichzeitig schwächer reflektierend* wird. Sie ist isotropisiert, gewissermaßen im Vergleich mit photographischen Effekten „solarisiert" durch Überbestrahlung (Abb. 15). Wir haben hier in der Natur einmal den oft geleugneten *amorphen Kohlenstoff*! Ich habe mich unterrichten lassen, daß analoge Dinge im Reaktor an dem dort verwendeten Graphit durch Neutronenstrahlung (in etwa Jahresfrist) ebenfalls vorkommen und — bei spontaner Rekristallisation — auch zu übermäßiger Erhitzung des Reaktors und seinem „Durchgehen" (Verbrennen und Schmelzen der Uranstäbe) führen können.

RADIOAKTIV BEDINGTE CHEMISCHE VERÄNDERUNGEN

Schon oben wurde mehrfach angedeutet, daß außer den in Verfärbungen bzw. Herabsetzung der Anisotropie (bis zur Isotropie) sich äußernden Gitterstörungen auch grobe chemisch wirksame Zerstörungen vorkommen.

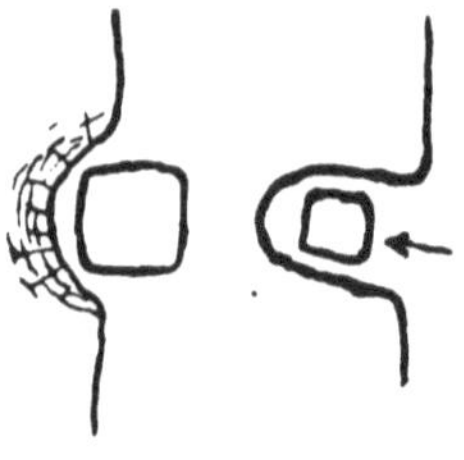

Auch diese Zerstörungen sind sehr vielgestaltig und gelegentlich wieder mit den im Reaktor wirksamen Materialschädigungen vergleichbar. Sie mögen auch in diesem Zusammenhang von gewissem Interesse sein, da sie in der Natur unendlich viel langsamer eintreten, die Vorgänge also zeitlupenartig verfolgt werden können.

Ich verweile hier besonders bei Pyrit, weil bei ihm die Beobachtungsverhältnisse durch seine Häufigkeit besonders günstig und die Effekte vielgestaltig und teilweise sehr merkwürdig sind.

In unmittelbarer Nähe des Strahlers — Uranpecherz und Brannerit sind besonders untersucht, aber die von mir anderswo [3c] Mineral x und Mineral y genannten Uranverbindungen machen es ebenso — entstehen radiale kurze Sprünge und roh parallel der Grenze konzentrisch schalige Sprünge, die auf Schrumpfung hinweisen (Abb. 16). Es überrascht nicht, daß solche Stellen dem lösenden Einfluß zirkulierender Wässer besonders leicht unterliegen. Dabei sind nicht nur die Sprünge entscheidend, denn diese können, wenigstens im Bereich mikroskopischer Sichtbarkeit, fehlen, sondern auch die Summierung der Gitterfehler. Es entsteht oft eine leere Zone zwischen Pyrit und dem Strahler. Sie wird teils mit jüngerem Quarz (oder Chalcedon), mit Sericit, mit Brannerit erfüllt, sehr oft bleibt sie frei und der Strahler rutscht wieder näher heran und das Spiel geht weiter, z. T. bis zu Bildern wie Skizze. Aber auch ohne dieses Hineinrutschen des Strahlers sehen so die Pyrite ganz stark „angeknabbert" aus. Das Bild überraschte zunächst sehr, bis es in allen Stadien der Entwickelung verfolgt werden konnte. Im Witwatersrand und Blind River District ist es bevorzugt schön entwickelt natürlich in sehr uranreichen Teilen des Reefs. Ist man einmal auf die charakteristische Form aufmerksam geworden, wird man es überall finden, wo sehr starke Strahler lange Zeit auf Pyrit einwirken (Abb. 17, 18, 19). Ähnliche Erscheinungen kommen außer am Pyrit am Arsenkies, aber auch an anderen Mineralien vor. Bei Bothaville im Oranje-Freistaat berühren offenbar sehr Th-reiche Monazitkörner Körner von Ilmenit. Trotz des relativ geringen geologischen Alters dieser fossilen Seife (Ecca-Sandstein) sind die Ilmenite neben Monazit fast immer „eingedellt" und sehr oft ist die an sich sehr verbreitete Anatasneubildung aus Ilmenit ganz besonders verstärkt, wo zufällig Monazit angrenzt.

Der Mechanismus der Weglösung am Pyrit (und sicher analog bei anderen Mineralien) ist kompliziert und von Fall zu Fall verschieden. Vielfach geht die Weglösung anscheinend glatt, gelegentlich sogar ohne erkennbare Sprungbildung vor sich, anderswo bildet sich besonders Magnetkies als Zwischenprodukt (Abb. 20, 21, 22), der dann seinerseits weggelöst wird, oder zunächst Markasit bildet. Überraschend ist, daß auch unmittelbar aus Pyrit sich Markasit bildet — eine Bildung, die den bekannten relativen Stabilitätsverhältnissen beider Mineralien ganz zuwiderläuft. — Sehr schwer erklärlich auf den ersten Blick erscheinen völlige Durchnagungen auch ziemlich großer Pyritgerölle. Es scheint mir, als ob hier in Sprünge eindringendes Radon den Schlüssel zum Verständnis bilden könnte. Da Radon Polonium, Thallium und Blei liefert, die analog Magnetkies sich laufend auf den Gitterstörungen des Pyrits absetzen können, wäre eine Art Diffusionsgefälle geschaffen.

Genau die gleichen Erscheinungen zeigt oft der *Arsenkies* und der bisher nur in wenigen Körnchen untersuchte *Glanzkobalt*. Bei ersterem tritt insofern eine Komplikation ein, als die Strahlung mit Hofbildung auch jenseits eines radioaktiv bedingten Magnetkiessaumes weitergeht, obwohl man natürlich annehmen sollte, daß dieser Saum die weitere Strahlung abschirmen müßte (Abb. 23a, b). Das ist aber offensichtlich *nicht* geschehen. Es wäre denkbar, daß, wie Ende des letzten Abschnittes gesagt, Magnetkies adsorbierend auf einige Zerfallsprodukte wirkte und dann selber als Strahler figurierte.

DEUTUNG

Die Einwirkungen von Strahlungen auf Materie sind in den letzten Jahren im Zusammenhang mit der Konstruktion von Reaktoren etc. genau untersucht worden, und es besteht eine große Literatur darüber, die allerdings dem Nichtatomphysiker schwer oder gar nicht zugänglich ist. Besonders sei auf eine Arbeit von J. C. Slater [4] hingewiesen.

Daraus ist ersichtlich — und die eben mitgeteilten Beobachtungen stimmen damit durchaus — daß man zwar die radioaktiven Einwirkungen — oben waren genannt Höfe, Isotropisierungen, Sprengungen und chemische Zerstörungen von einem Gesichtspunkt betrachten muß, daß aber die Auswirkungen bei verschiedenen Bindungstypen der der Strahlung unterworfenen Mineralien verschiedenartig und im Einzelbeispiel nicht ganz zu übersehen sind.

Nach Slater (S. 250) sind nur die Isolatoren und unter ihnen besonders die Alkalihalogenide starken Gitterstörungen durch *Elektronen*strahlung ausgesetzt. Elektronen können an gewissen Gitterstörungen (sogenannten F-Centren) eingefangen werden und Verfärbung hervorrufen. Auch bei einigen Kristallen mit Covalentbindung sind ähnliche Erscheinungen denkbar.

In einigermaßen guten Leitern aber, natürlich besonders z. B. in Metallen und hochreflektierenden Sulfiden usw. würden solche Störungen durch die Elektronenwolke sofort wieder aufgehoben. Hier sind es Kern-Rückstöße mit den von ihnen verursachten „*Frenkel-Defekten*". Sie werden meist durch Neutronen veranlaßt, können aber auch durch α-Strahlung entstehen.

Durch schnelle Neutronen wird ein Kern aus seinem Gitterplatz gestoßen und stößt weiter, meist sehr vielfach, bis die Energie der betr. Strahlung verbraucht ist. Ein Neutron kann so mehrere Tausend, durchschnittlich etwa 6000 Frenkel-Defekte veranlassen.

Bei *α-Teilchen* ist der mögliche Weg kleiner, die Energie von der Zerfallsenergie (umgekehrt proportional der Halbwertszeit) des betr. Isotops abhängig (für Ra C′ im Spinell beispielsweise 6—8 MeV bei 23 μ Reichweite). Die Zahl der Defekte ist hier viel kleiner, ∅ 60.

Besonders am Ende der Reichweite wird eine enorme Erhitzung eintreten ($x \cdot 10^4$ bis $x \cdot 10^5$°), so daß für jede Substanz der Schmelz- oder Siedepunkt überschritten wird, allerdings nur für eine äußerst kleine Zeit. Der Effekt dieser kurzzeitigen Erhitzung kann verschieden sein. 1. Trotz der sehr schnellen Abkühlung wird der geschmolzene Teil vom Restgitter wieder ideal zurückorientiert. Das wird selten sein. 2. Der betr. Kristallteil wird ein völlig wirres feinstes, aber kristallines Aggregat bilden. 3. Das geschmolzene Material wird amorph (= glasig) bleiben. Optisch wird sich Fall 2 und 3 in einer Isotropisierung äußern, die aber im Fall 2 keine sehr wesentliche Änderung der inneren Energie gegenüber dem Ausgangskristall bedeutet, im Fall 3 eine solche in ganz enormem Ausmaß darstellen kann.

Der letzte Fall ist ähnlich dem, wie er in den amorph gewordenen („metamikten") Substanzen vorliegt.

Wenn wir nun Isotropisierungen nur optisch erkennen können — wie etwa in den Hofsäumen von Arsenkies oder Magnetkies — dann werden wir im Zweifel bleiben, ob Fall 2 oder 3 vorliegt, wenngleich der amorphe Zustand recht unwahrscheinlich ist, ebenso wie bei den Metallen. Liegt ein größeres völlig isotropisiertes Korn vor, wie in den durch eigene Strahlung zerstörten Kristallgittern der metamikten Mineralien [2b], dann wird eine positive Wärmetönung beim Erhitzen den Fall 3 beweisen (aber auch z. B. für den isotropisierten Graphit im Reaktor!). Tatsächlich ist sie längst nicht immer zu beobachten, was aber umgekehrt *nicht* notwendig den Fall 2 beweisen würde.

Eine große Schwierigkeit liegt in dem Fall 3 noch darin, daß bei den radioaktiv isotropisierten Kristallen sehr oft nach dem Erhitzen und der dabei erfolgten Wärmetönung die neugebildete („rekristallisiert" im eigentlichen Sinn!) kristalline Substanz die von der alten erhaltenen äußeren Kristallform verlangte optische Orientierung erhält, was ein Schmelzen bzw. Glasigwerden im gewöhnlichen Sinn ausschließt. Ein Gitterrelikt — man denkt wahrscheinlich richtig an das Gerüst der Anionen — muß erhalten bleiben.

Ähnliche Überlegungen finden sich in einer Arbeit von UEDA & KOREKAWA [6]. Ihnen ist es besonders noch um die Erklärung der Tatsache zu tun, daß zwar sehr viele Mineralien mit nur recht kleinen Gehalten an U oder Th isotropisiert sind (Zirkon, Gadolinit), andere mit erheblich höheren Gehalten, z.T. reine U- oder Th-Mineralien, auch bei gleichem geologischem Alter aber nicht (Monazit, Uranpecherz). Sie führen das auf die Beobachtungen zurück, daß diese Mineralien gegenüber den erstgenannten besonders hohe Schmelz- oder Zersetzungspunkte hätten, sie also bei der oben erwähnten Erhitzung am Ende der Weglänge der α-Teilchen nicht geschmolzen seien. Der Verfasser bezweifelt diese Erklärung, da einer Erhitzung auf $\sim 10^5$° gegenüber ein Schmelzpunktunterschied von vielleicht maximal 500° kaum ins Gewicht fallen dürfte. — Die Erklärung von V. M. GOLDSCHMIDT, etwa 30 Jahre alt, daß die bei der Gitterzerstörung entstehenden Bruchstücke im ersten Fall zu recht stabilen neuen Verbindungen sich zusammenfinden können (etwa $ZrSiO_4$ über Zwischenstufen $\rightarrow ZrO_2 + SiO_2$), im letzteren (z. B. $UO_2 \rightarrow U + O_2$ oder $CePO_4 \rightarrow Ce_2O_3 + P_2O_5$), aber wegen ihrer Unbeständigkeit sich sofort wieder regenerieren und in das Restgitter sich zurückorientieren, scheint mir doch wahrscheinlicher. — Wahrscheinlich ist übrigens auch die Wärmetönung beim Rekristallisieren für eine einfache Kristallisation aus dem glasigflüssigen in den kristallinen Zustand erheblich zu hoch und enthält einen Anteil von Reaktionswärme.

ZUSAMMENFASSUNG

Die wesentlichste Erkenntnis der vorliegenden Arbeit ist die Beobachtung von radioaktiven Verfärbungen und Isotropisierungen auch bei Mineralien, in denen Ionenbindung ausgeschlossen werden kann, wie Arsenkies, Safflorit, Löllingit, Magnetkies, Graphit. In allen Fällen sind die Erzeuger sehr starke Strahler, wie Uranpecherz, Brannerit o. ä. In vielen von diesen Fällen geht mit der Isotropisierung eine chemische Auflockerung des Gitters parallel, die eine Weglösung oder Verdrängung der betroffenen Kristallteile besonders erleichtert. Ein sehr auffallender Verdrängungstyp kann so entstehen. — Naturgemäß kann diese Erscheinung auch bei Mineralien eintreten, an denen *optisch* Veränderungen nicht zu beobachten sind, also z. B. Pyrit. —

Einige andere Sulfide, bei denen an sich durch Nachbarschaft sehr starker Strahler Reaktionen erwartet werden könnten, z. B. Wismutglanz, zeigen keine Veränderungen.

Auch in gewissen „semiopaken" Mineralien wie Columbit, Ilmenit, Hämatit, Magnetit konnten radioaktive Verfärbungen festgestellt werden, auch hier anscheinend aber auch nur neben sehr starken Strahlern.

Einige — nur als „vorläufig" zu wertende — Überlegungen, die bei allen hier angegebenen Fällen die Ursache in den durch die α-Strahlung erzeugten „Frenkel-Defekten" suchen, sind noch mitgeteilt.

LITERATURVERZEICHNIS

[1a] GOEBEL, L. Radioaktive Umwandlungserscheinungen am Fluorit von Wölsendorf. Sitz. Ber. Akad. Wien, Math. Nat. Kl. I, 139, 373—391, 1930.

[1b] GOEBEL, L. Radioaktive Zersetzungserscheinungen am Flußspat. Centralbl. Min. 1930A, 456/6.

[2a] MÜGGE, O. Über radioaktive Höfe im Flußspat, Spinell, Granat und Aenigmatit. Göttinger Nachrichten 1, 1923.

[2b] MÜGGE, O. Über isotrop gewordene Kristalle. N. Jb. Min., Centralbl. 1922, 721—739, 753—765.

[3a] RAMDOHR, P. Neue Beobachtungen an Erzen des Witwatersrands in Südafrika und ihre genetische Bedeutung. Abh. Akad. Wiss. Berlin. Kl. Math.-Nat. 5, 1954.

[3b] RAMDOHR, P. Neue Beobachtungen über radioaktive Höfe und über radioaktive Sprengungen. Abhandl. Akad. Wiss. Berlin, Kl. Chem. etc. 2, 1957 (hier auch weitere Literatur!).

[3c] RAMDOHR, P. Witwatersrand-Blind River Distrikt-Dominion Reef-Serra de Jacobina. Erzmikroskopische Untersuchungen und ein genetischer Vergleich. Abhandl. Akad. Wiss. Berlin. Kl. Chem. etc. im Druck.

[4] SLATER, J. C. Effects of radiation on materials. Journ. applied Phys. 22, 237—256, 1951.

[5] STACH, E. Die Petrographie der Kohle als Hilfsmittel bei der Kohleparallelisierung. Z. D. Geol. Ges. 107, 104, 1955.

[6] UEDA T. & KOREKAWA, M. Studies on the stability of the radioactive minerals at high temperature. Mem. Coll. Science, Kyoto B 22, 165—176, 1955.

ABBILDUNGEN

Alle Abbildungen im Auflicht

Abb. 1. *Uranpecherz* (weiße Körner) im *Cerit*. Bildung von radioaktiven Höfen um die größeren Körner, während die kleinsten nur kleine oder äußerst schwache Hofverfärbung zeigen.
Vergr. 250 ×, Imm. — Riddarhyttan, Schweden. 2226/1842

Abb. 2. Höfe um sekundäre *Uranmineralien* im *Fluorit*. In diesem besteht eine tiefblaue Allgemeinverfärbung unter Bildung kleiner Farbkörnchen. Im Außenhof, zwischen Ra A und Ra C′ sind diese Körnchen ausgelöscht, im Zentralhof verstärkt.
Vergr. 250 ×, Imm. — N. + Wölsendorf, Bayern.

Abb. 3. Skelettförmiges *Uranpecherz* im *Mikroklin*. Radioaktiv bedingter Saum im *Mikroklin*, zunächst wohl isotropisiert, jetzt in *Sericit* verwandelt.
Vergr. 80 × 2045/B Ruggles Mine, Grafton Center, New Hampshire.

Abb. 4. *Columbit* mit aufgewachsenem *Uraninit*. Die Höfe im *Mikroklin* sind mit *Pyrit* erfüllt, waren also bevorzugt verdrängungsfähig.
Vergr. 80 × 2109/8930 Hagendorf, Bayern.

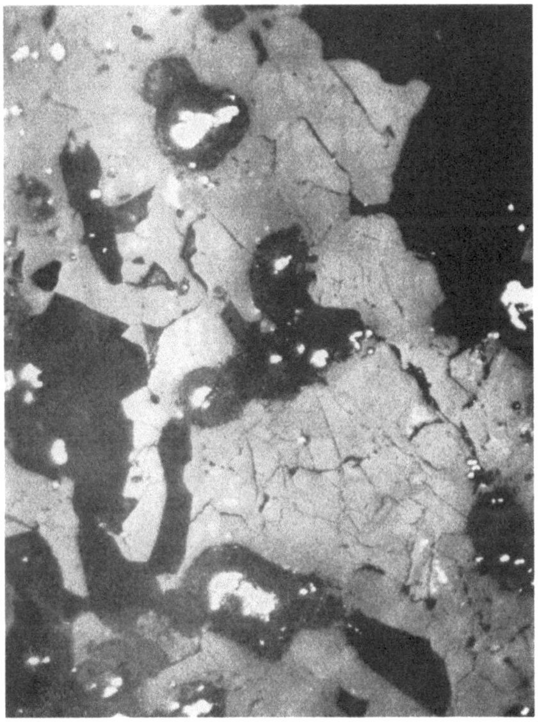

Abbildung 1

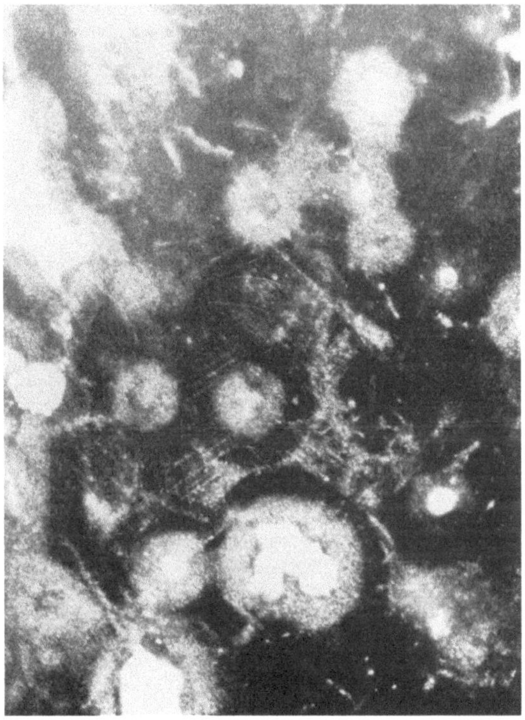

Abbildung 2

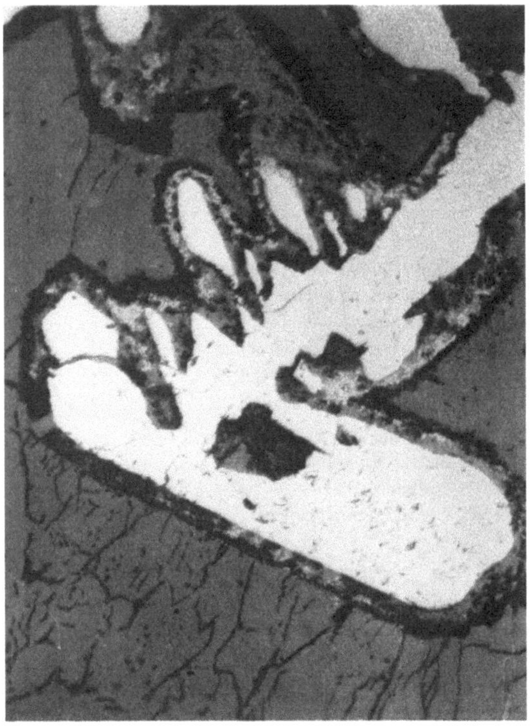

Abbildung 3

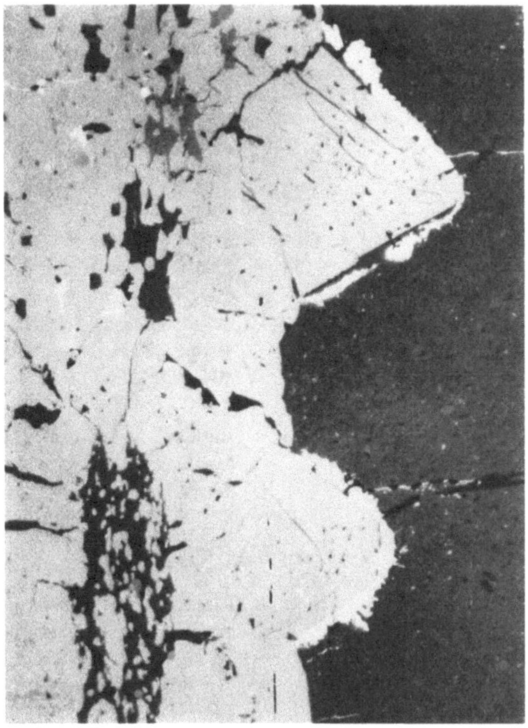

Abbildung 4

Abb. 5. Radioaktive Höfe um *Monazit* im Bindemittel eines *Ilmenitsandsteines* aus dem Karroosystem (das Bindemittel ist hier *Siderit*). — Auch in diesen Höfen ist *Pyrit* eingewandert.
Vergr. 150 × 2129/8885 nördl. Bothaville, Oranje Freistaat.

Abb. 6. Radioaktiver Hof um *Monazit* ist herausgelöst und durch *Quarz* (bei Immersion schwarz!) ersetzt. Der im Hof eingewanderte *Pyrit* ist in *Brauneisen* verwandelt.
Vergr. 250 ×, Imm. nördl. Bothaville, Oranje Freistaat. 2241/8551 b

Abb. 7. Radioaktive Randverfärbung bei einem ringsum von traubig kugeligem *Uranpecherz* (schwarz) umgebenen *Hämatit*. Weiß ist Gangart mit Innenreflexen.
Vergr. 250 ×, Imm. Nicols + 2093/C Ranson Prop., West Ontario.

Abb. 8. Einschlüsse von *Uranpecherz* mit schönen Höfen im *Columbit* (Beleuchtung etwas anders eingestellt als in 9!). Daneben ist die fleckenhaft stark verschiedene Anisotropie von *Columbit* sichtbar.
Vergr. 70 ×, N.+, Xenonhöchstdrucklampe
Hagendorf, Bayern.

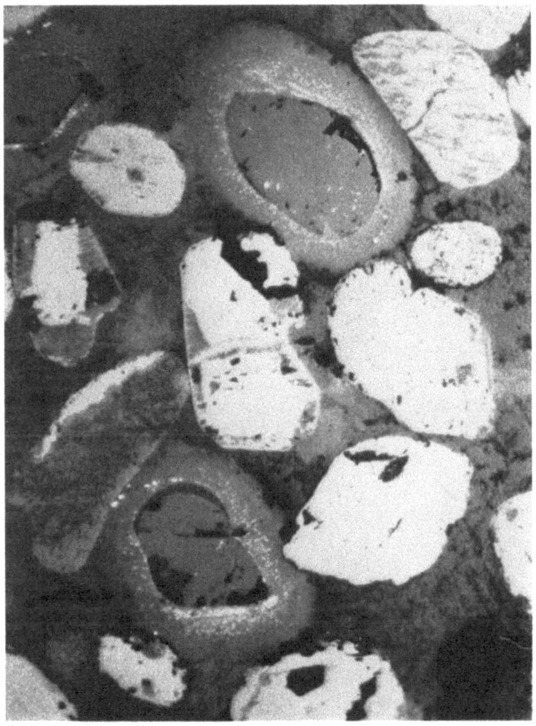

Abbildung 5

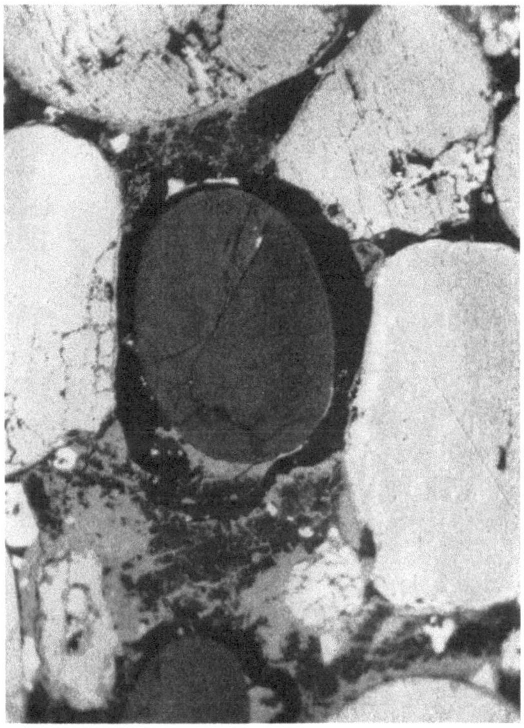

Abbildung 6

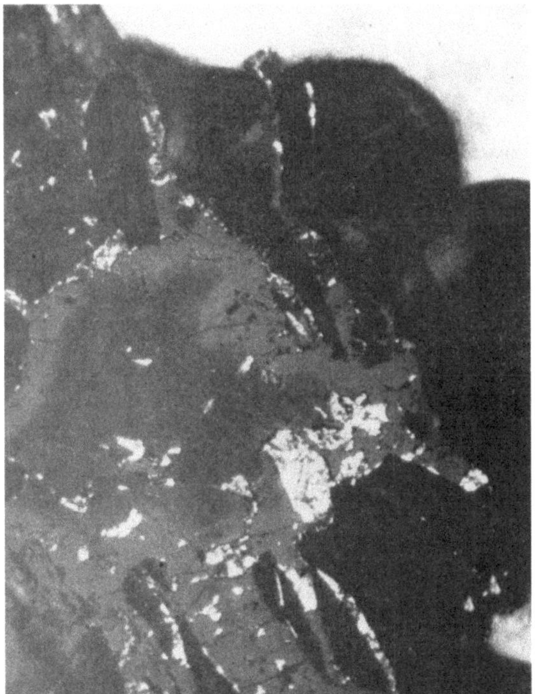

Abbildung 7

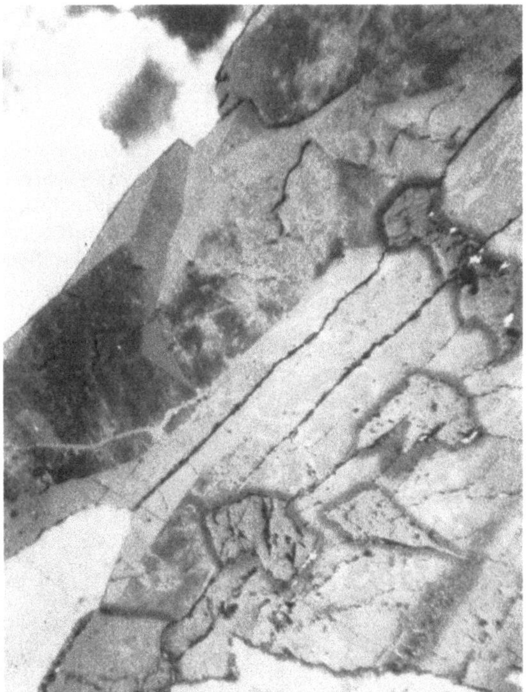

Abbildung 8

Abb. 9. Größere Einschlüsse von *Uranpecherz* mit schönen Höfen im *Columbit.* Daneben im Centralteil des *Columbits* feine Entmischung von UO_2, die mehr flächenhaft ebenfalls Verfärbung hervorruft.
Vergr. 70 ×, N. +, Xenonhöchstdrucklampe
Hagendorf, Bayern.

Abb. 10. *Uranpecherz* in und auf *Columbit.* Typische Bildung radioaktiver Höfe in *Columbit* und in *Mikroklin.*
Vergr. 70 ×, Imm. Nic. + 2243/9048 Hagendorf, Bayern.

Abb. 11a. *Arsenkies* umgeben von stark radioaktiven Mineralien (*Uranpecherz, Brannerit*).
Vergr. 150 × Rhenosterhoek Section
2061/8820a Afrikander Lease Mine, Klerksdorp, Transvaal.

Abb. 11b. Dasselbe, aber Nicols +. Man erkennt die Bildung des radioaktiven Hofsaums außen und, bedingt durch *Radon,* an einem Sprung. — Die weißen Innenreflexe der Umrahmung sind durch *Brannerit* hervorgerufen.
2062/8820a.

Abbildung 9

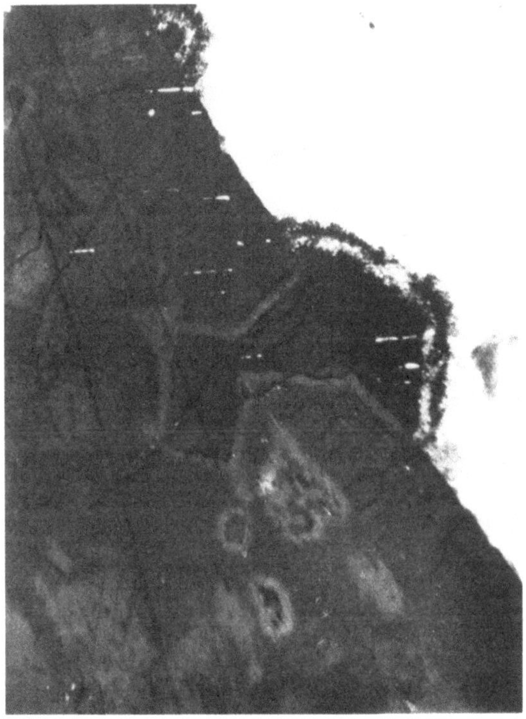

Abbildung 10

Abbildung 11a

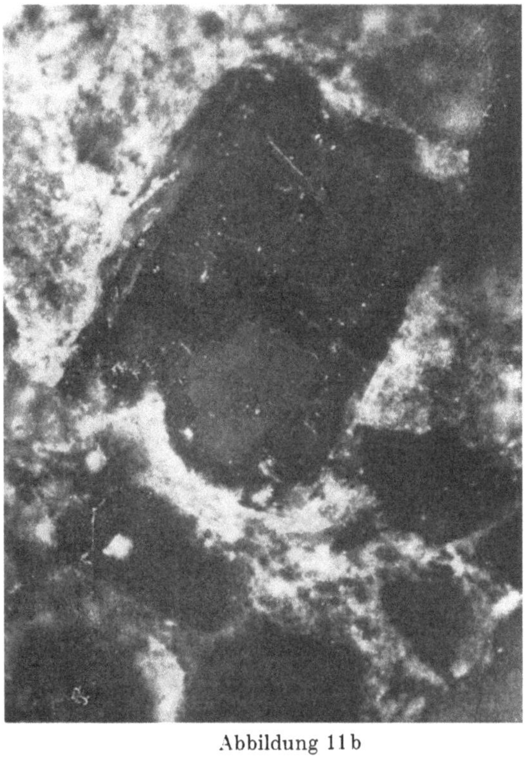

Abbildung 11b

Abb. 12a. *Uraninit* (dunkelgrau) eingelagert in *Löllingit* (wohl Co-reich), daneben *Siderit* (schwarz).
Vergr. 250 ×, Imm. 2099/C Hüttenberg, Kärnten.

Abb. 12b. Dasselbe, aber Nicols +. Man erkennt den typischen radioaktiven Hof, ferner auch, trotz der Kataklase, noch Zonenbau im *Löllingit*.
2098/e

Abb. 13. Radioaktive Höfe um kristallines *Uranpecherz* in einem Aggregat von *Magnetkieskörnern*. Mit nur einem Nicol ist im Bereich des Hofes nur eine zarte Auflockerung bzw. Porigwerden erkennbar.
Vergr. 150 × 2237/8859 Bramley Mine, Dominion Reef, Transvaal.

Abb. 14. Wie 13, aber Nicols gekreuzt. Man erkennt die Isotropisierung im Hof je nach der Schnittlage verschieden deutlich, insgesamt aber sehr gut.
2238/8859

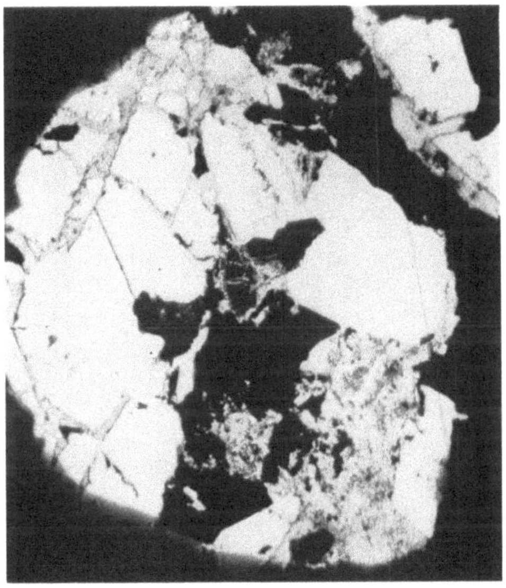

Abbildung 12a

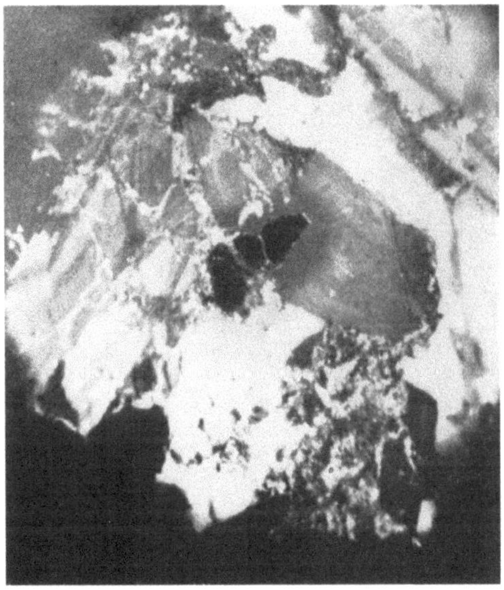

Abbildung 12b

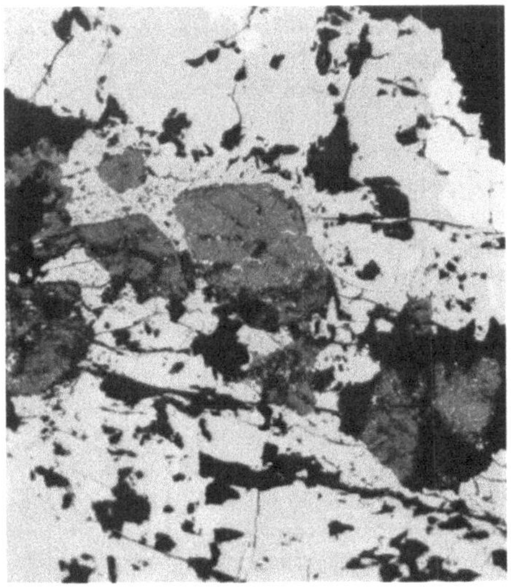

Abbildung 13

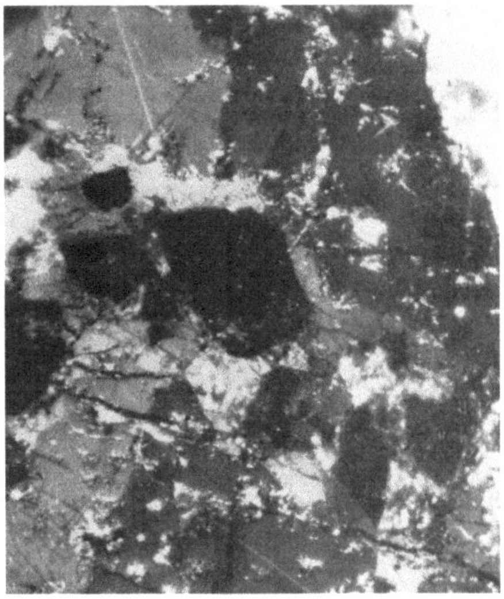

Abbildung 14

Abb. 15. *Uranpecherz* erzeugt amorphen isotropen *Kohlenstoff* in stark „vorgraphitierter", anisotroper „kohliger Substanz".
Vergr. 250 ×, Imm. Monarch Reef, West Rand Cons.
2068/8840

Abb. 16. Noch unbestimmtes „*radioaktives Mineral*", das massenhaft radiogen gebildeten *Bleiglanz* als Durchstäubung enthält, verursacht an der Grenze zu *Pyrit* in diesem eine Auflockerung des Gefüges mit radial ausstrahlenden und konzentrischen Sprüngen.
400 ×, trocken Rhenosterhoek Section, Afrikander Lease
2184/8820b

Abb. 17. *Pyrit* ist durch radioaktive Einstrahlung um *Uranpecherz* zerstört, das *Uranpecherz* rutscht in die entstandenen Löcher (das eine Korn ist natürlich kein Einschluß — wie es aussieht —, sondern liegt über oder unter der Schnittebene völlig analog dem anderen Korn an der Oberfläche des *Pyrits*).
Vergr. 150 × 2092/c Pronto Mine, Ontario.

Abb. 18. Ähnlich 17. *Pyrit* wird von einem hochradioaktiven Mineral — vielleicht *Samarskit* — randlich zerstört. Dieses Mineral sinkt in die selbstgeschaffene Höhlung. Im Zwischensaum etwas junger *Brannerit*.
Vergr. 150 × 2091/c Pronto Mine, Ontario.

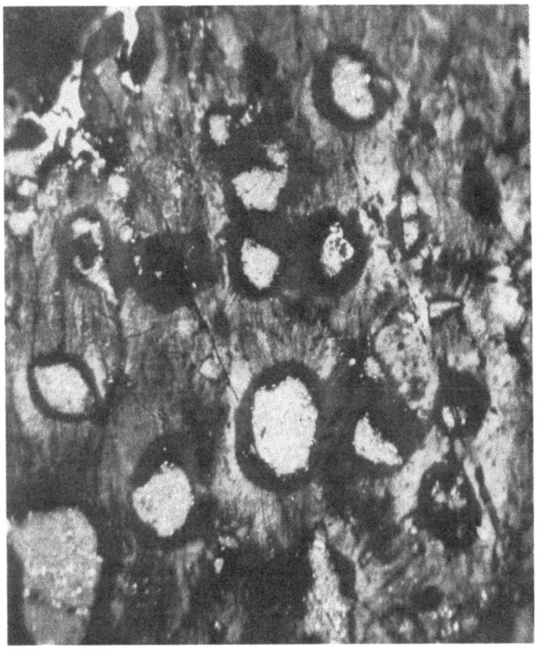

Abbildung 15

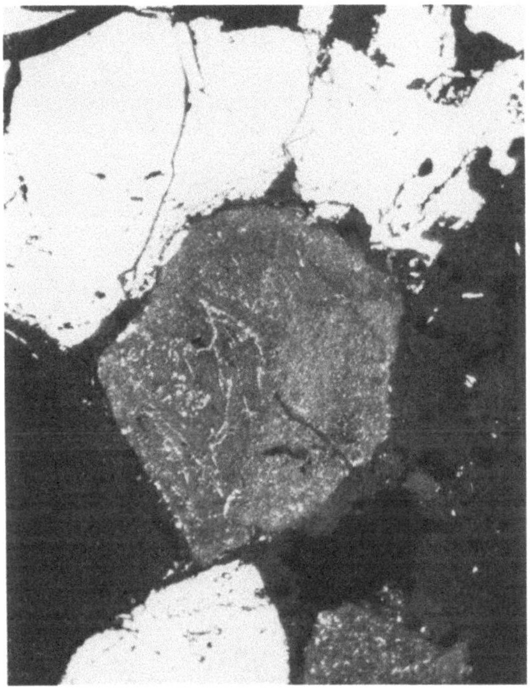

Abbildung 16

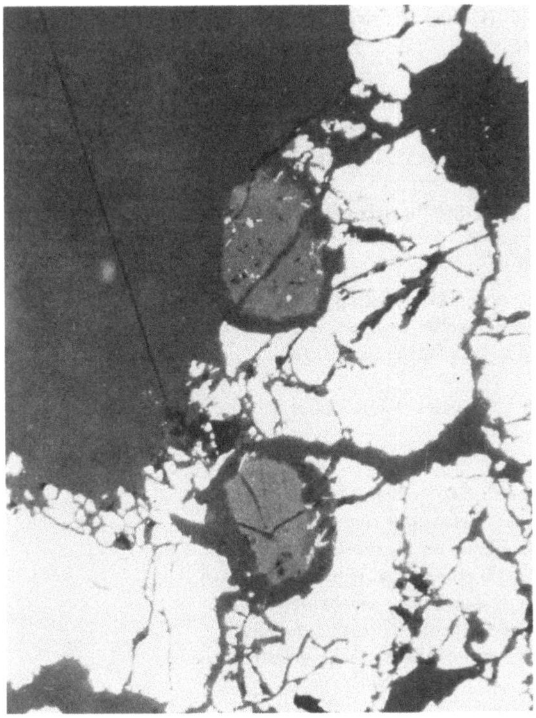

Abbildung 17

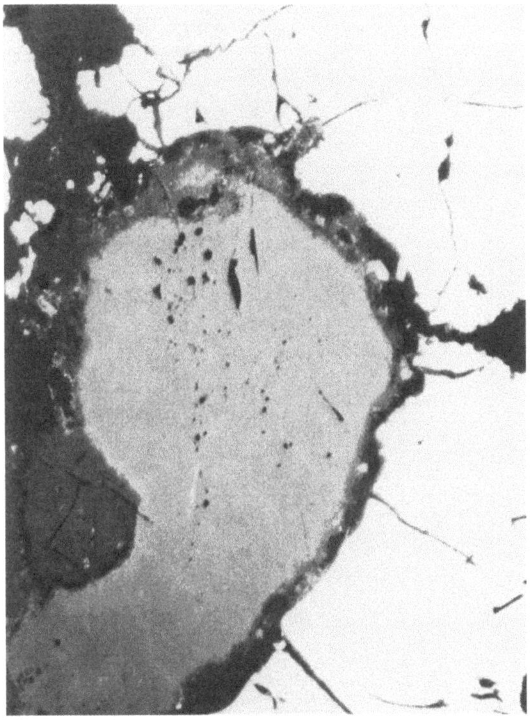

Abbildung 18

Abb. 19. *Pyritgeröll* aus einem sehr großen stark zonaren Kristall wird randlich — besonders an den durch Zonenbau stark porösen Stellen durch *Brannerit* bzw. *Uranpecherzkristalle* stark gelöst.
Vergr. 200 ×, Imm. 2072/8856 Bramley Mine, Dominion Reef, Klerksdorp.

Abb. 20. Sehr zahlreiche *Uranpecherzkristalle* wirken auf die Oberfläche von *Pyrit* ein. Die bestrahlte Kruste ist von Sprüngen durchzogen und z. T. durch *Magnetkies* (Spur dunkler) verdrängt.
Vergr. 200 ×, Imm. 2071/8857 Bramley Mine, Klerksdorp.

Abb. 21. *Pyrit* mit äußerst starker, radioaktiv bedingter Neubildung von *Magnetkies*. Stellenweise beginnt der Weglösungsprozeß des letzteren, was dann bizarr geformte *Pyritkörner* hinterläßt.
Vergr. 150 × 2161/8946 Buckles Mine, Blind River District, Ont.

Abb. 22. *Pyrit* mit Saum von *Markasit*, der auch in einen Sprung eintritt (die photographische Erfassung des sehr feinen Helligkeitsunterschieds von *Pyrit* und *Markasit* ist äußerst schwierig und nur mit verstärkten Negativen und sehr hartem Kopieren möglich — das Photo erscheint daher etwas fleckig). Der radioaktive Strahler ist hier *Brannerit*, der in diesem Falle photographisch nicht mehr erfaßbar ist.
Vergr. 250 ×, Imm. 2155/8947 Buckles Mine, Blind River District, Ont.

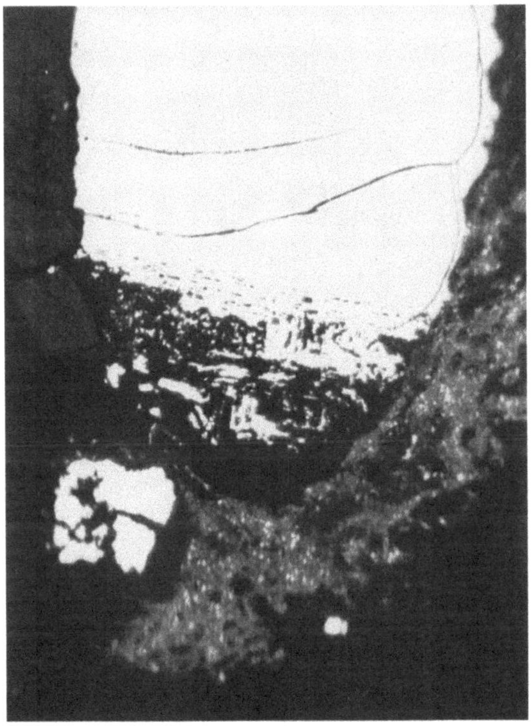

Abbildung 19

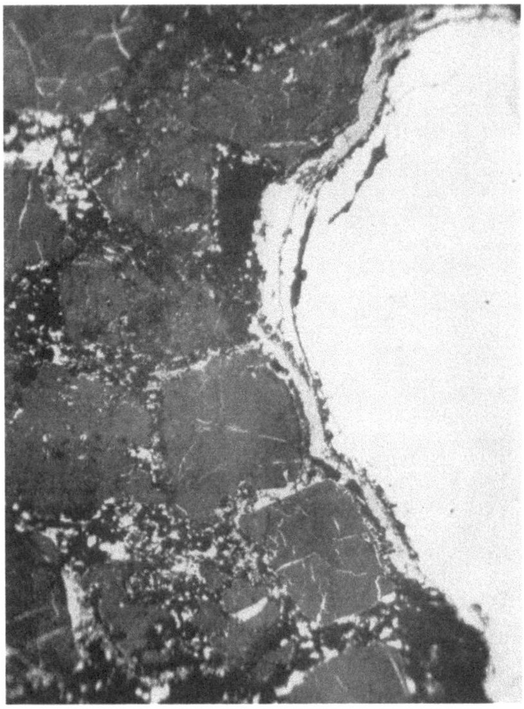

Abbildung 20

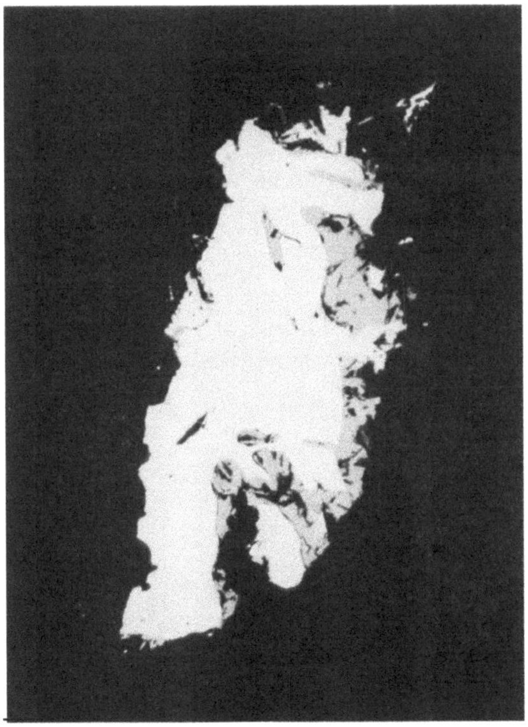

Abbildung 21

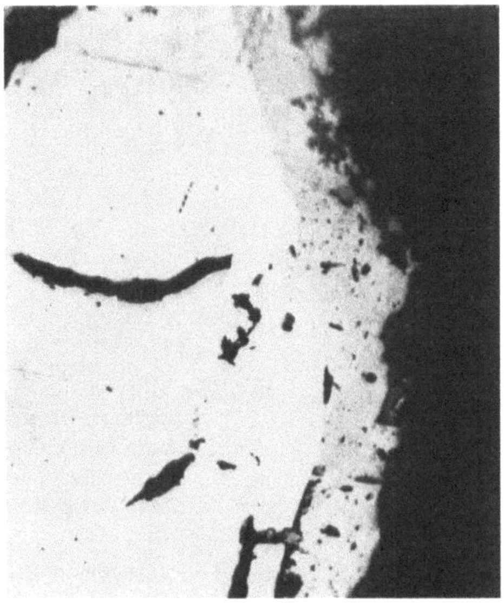

Abbildung 22

Abb. 23a. *Arsenkies* mit Saum von *Magnetkies* soweit *Brannerit* angrenzt. Roh parallel zu diesem Saum Sprünge. — Außerhalb einige *Pyritkörner*.
Vergr. 250 ×, Imm. 2100/8898 Monarch Reef, West Rand Cons. Mine.

Abb. 23b. Dasselbe, aber Nicols +. Hinter dem Saum von *Magnetkies* ist jetzt noch ein radioaktiver Hof erkennbar.
2101/8898.

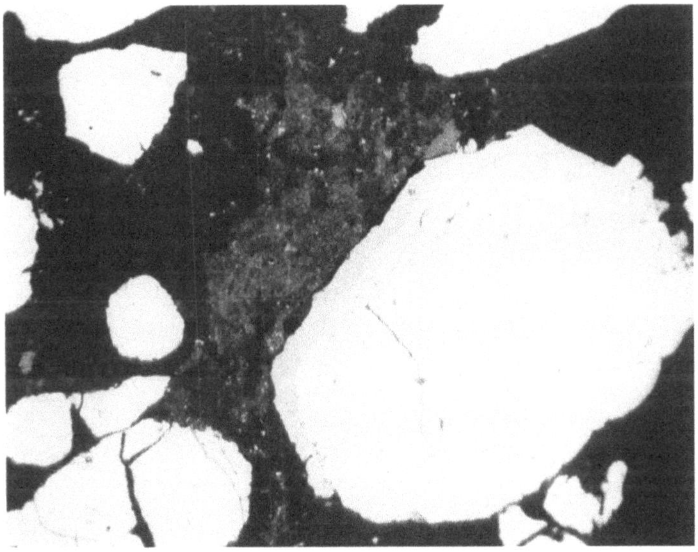

Abbildung 23a

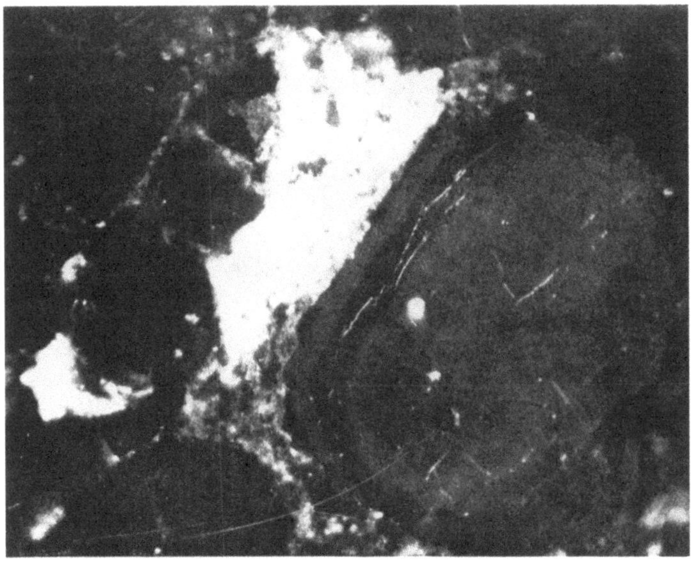

Abbildung 23b

Kolibri 360 GmbH
Ferdinand-Jühlke-Straße 7
99095 Erfurt, Deutschland
produktsicherheit@kolibri360.de